流行草花图鉴

杜 方 董爱香 编著

金盾出版社

内 容 提 要

　　本书由山西农业大学园艺学院杜方和北京市园林科学研究所董爱香两位老师编著，以图文结合的形式介绍了 49 种流行草花的植物学性状和园艺学特征，每种草花配有种子形态以及子叶期、真叶期、幼苗期、开花期彩图，便于读者识别花卉的种类。适合广大花卉种养人员、花卉爱好者以及农林院校有关专业师生阅读参考。

图书在版编目(CIP)数据

　　流行草花图鉴/杜方，董爱香编著．—北京：金盾出版社，2008.9
　　ISBN 978-7-5082-5249-0

　　Ⅰ.流… Ⅱ.①杜…②董… Ⅲ.草本植物-花卉-观赏园艺-图解
Ⅳ.S681-64

　　中国版本图书馆 CIP 数据核字(2008)第 129677 号

金盾出版社出版、总发行

北京太平路 5 号(地铁万寿路站往南)
邮政编码：100036　电话：68214039　83219215
传真：68276683　网址：www.jdcbs.cn
封面印刷：北京精美彩色印刷有限公司
正文印刷：北京蓝迪彩色印务有限公司
装订：北京蓝迪彩色印务有限公司
各地新华书店经销
开本：850×1168 1/32　印张：2.5　字数：30 千字
2008 年 9 月第 1 版第 1 次印刷
印数：1—10000 册　定价：13.00 元

前　言

世界万物生生息息，或长寿，或短命。草本植物中的一、二年生花卉，其生命周期或经一个年头或跨二个年头，属于植物界中寿命较短的一类。然而生命虽然短暂，其繁华与炫丽却无与伦比。

过去很多人养花喜欢长盛不衰的，现代的消费观念却认为经常变换花的种类及色彩，既利于养眼又利于养心。一、二年生草花繁殖系数大，生长迅速，种类繁多，花色丰富，开花繁茂，管理简单，适应性强，正成为阳台花卉的新宠和花坛花卉的主角。

种子是植物繁殖的根本，优良的种苗是良好观赏价值的保证，然而大多数专业或非专业人士对自己想买的花的种子或种苗的长相一无所知。在我当学生的时候，老师要求我们以画图的方式记忆处于各个生长期的花卉形态，而现在的学生几乎人手一个具有照相功能的手机，于是我有了用相机记录花卉生长史的想法。为使广大草花爱好者和种植户更具有专业的水准，使园艺专业的学生更好地识别花卉的种类，笔者选择常见的正在流行的49种一、二年生草花编辑成书。本书介绍49种草花的植物学性状和园艺学特征，每种草花配有种子形态以及子叶期、真叶期、幼苗期、开花期彩图，以图文结合的形式向读者展示草花主要生育期特点，形象直观，便于记忆。

本书中绝大多数花卉素材来自山西农业大学园艺学院的花圃，由亢子荣先生亲手培育；本书实际上集结了园艺学院花卉系所有师生的心血，亢秀萍、李春琳、郝瑞杰、王银柱、李森老师在书稿编写和拍照方面给予了热心的指导与支持，王朵、周晓炜、于耀、杨阳、张春、杨大威、石晋芳和程飞飞等同学对笔者及时伸出援助之手；山西三盛园艺有限公司的赵秀绒女士为笔者提供了部分花卉种子，笔者一并致谢。

期望本书能够受到广大读者欢迎，并恳请读者批评指正，笔者将继续积累新的素材，不断完善和充实新的内容。

杜 方

2008 年 6 月

目　录

爵床科 Acanthaceae

翼柄山牵牛 *Thunbergia alata* Bojer.

【科属】 爵床科山牵牛属

【别名】 黑眼苏珊、翼叶山牵牛、翼叶老鸦嘴、翼柄邓伯花

【英名】 Black-eyed Susan

【原产地】 非洲热带

【栽培类型】 多年生草本植物，作一年生栽培

【株高】 蔓性，可达3米

【花期】 6~10月份

【环境】 ☀ 💧 15℃~30℃

【同属常见栽培种】 蓝吊钟、大花山牵牛、直立山牵牛

种子圆球形，灰黑色，表面具规则网眼。底端有一小圆孔。千粒重约25克，中粒种子。

子叶圆形，翠绿色，有一片子叶中间凸起。叶表光滑，轻微可见三出脉。

真叶三角状卵形，翠绿色，叶基箭头形。叶缘波状，叶柄有翼。羽状掌状脉。

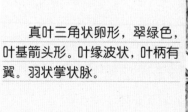

叶三角状卵形，基部箭头形，缘具疏齿，两面有毛，叶柄有翼。蔓生，分枝多。

花单生于叶腋。苞片绿色心形。花冠斜喇叭形，喉部色深。花梗细长。

苋科 Amaranthaceae

鸡冠花 *Celosia cristata* L.

【科属】　苋科青葙属

【别名】　红鸡冠、鸡冠头

【英名】　Cockscomb

【原产地】　亚洲热带

【栽培类型】　一年生草本植物

【株高】　30～150厘米

【花期】　7～10月份

【环境】　☀ 💧 15℃～30℃

【同属常见栽培种】　青葙

种子黑色，圆球形，有光泽。千粒重约0.85克，很小粒种子。

子叶卵状披针形，全缘。叶色有黄绿、红绿等，依花色而不同。中脉明显，黄色或紫红色。叶表粗糙。

真叶卵状披针形至卵圆形，黄绿色或红绿色，依花色而不同。全缘。羽状网脉黄色或紫红色。

茎直立，光滑，有棱线或沟。叶互生，披针形至卵圆披针形，全缘或有缺刻。羽状网脉红色或黄色，依花色而不同。

花小，形成稠密的穗状或扁平鸡冠形花序，具丝绒般光泽。花序顶生及腋生，小花无瓣。花萼膜质，5片，密被羽状苞片。

千日红 *Gomphrena globosa* L.

【科属】	苋科千日红属	【株高】	15～60厘米
【别名】	火球花、千日草、千年红、圆仔花	【花期】	7～10月份
		【环境】	15℃～30℃
【英名】	Globe Amaranth	【同属常见栽培种】	细叶千日红、伏千日红
【原产地】	热带		
【栽培类型】	一年生草本植物		

种子棕色，圆锥形，密被白色纤毛，不易脱离。千粒重约1.05克，小粒种子。

子叶矩圆形，灰绿色，密被短绒毛。中脉明显，红色。叶全缘，叶缘红色。

真叶长椭圆形，全缘。叶质硬，深绿色，中脉明显，紫红色。叶表具长柔毛。

茎直立，粗硬，有分枝，节部肥厚，被毛。叶对生，长椭圆形或倒卵形，基部狭窄而成叶柄。叶缘波状，被白色长柔毛。叶中脉紫红色。

头状花序球形，单生或2～3个位于各枝顶端，基部有2片对生绿色叶状总苞。小花生于2个苞片内，苞片膜质，光亮。干后不落，色不变。萼片5，有绒毛。

萝藦科 Asclepiadaceae

马利筋 *Asclepias curassavica* L.

【科属】 萝藦科马利筋属

【别名】 莲生桂子、水羊角、金凤花

【英名】 Blood flower,
Swallowwort,
Butterfly Weed,
Mexican Milkweed

【原产地】 南美洲热带

【栽培类型】 多年生草本植物,作一年生栽培

【株高】 60~100厘米

【花期】 7~9月份

【环境】 ☀ 💧 15℃~30℃

【同属常见栽培种】 大花马利筋、绿花马利筋、块茎马利筋

种子棕褐色,扁平卵圆形,顶部着生一束银白色长绢毛,绢毛易脱落。千粒重约3.2克,小粒种子。

子叶卵圆形,黄绿色,全缘,叶缘带黄边,羽状脉,叶表光滑。

真叶披针形,黄绿色,羽状脉,全缘,叶表光滑。

茎直立，不易分枝。叶对生或三叶轮生，叶披针形至阔披针形，全缘，光滑。茎或叶背颜色与花色相关。全株含白色乳汁。

伞形花序顶生或腋生，总花梗及花梗被柔毛，萼片狭窄，绿色，也被柔毛，花冠裂片反卷，副花冠鲜黄色，兜状。

凤仙花科 Balsaminaceae

玻璃翠 *Impatiens hybrid* Hort.

【科属】　凤仙花科凤仙花属

【别名】　温室凤仙、洋凤仙、
　　　　　杂种凤仙、非洲凤仙

【英名】　Balsam，Busy　Lizzy

【原产地】　非洲

【栽培类型】　多年生草本植物，
　　　　　　作一年生栽培

【株高】　30～60厘米

【花期】　四季

【环境】　☀ 🜄 15℃～30℃

【同属常见栽培种】　新几内亚凤仙、
　　　　　　　　　凤仙花、水金凤

种子褐色，扁圆形，表面具小孔，千粒重约0.5克，很小粒种子。

子叶半圆形，稍肉质，有透明感，翠绿色。

真叶卵圆形，叶缘具钝圆齿。叶翠绿色，稍肉质。

茎多汁，具红色条纹，半透明状，光滑，节部膨大，多分枝。叶翠绿而有光泽，叶柄长。叶片卵形，缘具钝锯齿。

花腋生，1～3朵，花形扁平似小碟。萼片3，中萼片上具一向后上方伸展的细长距。

十字花科 Brassicaceae

香雪球 *Lobularia maritima* Desv.

【科属】	十字花科香雪球属（庭荠属）	【原产地】	欧洲、西亚
【别名】	小白花、玉蝶球、庭荠	【栽培类型】	多年生草本植物，
【英名】	Sweet Alyssum,		作一、二年生栽培
	Sweet ALison	【株高】	15～25厘米

【花期】　春、秋季　　　　　　　【同属常见栽培种】　黄花香雪球

【环境】　☀ 💧 10℃～25℃

种子扁圆形，黄褐色，千粒重
0.28～0.33克，很小粒种子。

子叶卵圆形至椭圆形，翠绿色。
叶表密被白色短毛。

真叶翠绿色，倒披针形，中脉明
显，全缘，叶表光滑。

茎匍匐生长，多分枝，茎上具疏
毛。叶长披针形，全缘，互生。

顶生球形总状花序，小花密集。
花具淡香。花瓣4。

紫罗兰 *Matthiola incana* R. Br.

【科属】 十字花科紫罗兰属
【别名】 草紫罗兰、草桂花、春桃草
【英名】 Gillyflower
【原产地】 地中海沿岸
【栽培类型】 多年生草本植物，
作二年生栽培

【株高】 20～60厘米
【花期】 4～5月份
【环境】 ☀ 🜄 10℃～20℃
【同属常见栽培种】 夜香紫罗兰

种子圆形，褐色，具白色膜质翅，千粒重约1.7克，小粒种子。

子叶圆形，灰绿色，全缘，表面密被白色短毛。

真叶椭圆形，中脉明显，灰绿色，全缘，表面密被白色短毛。

茎直立，全株具灰白色茸毛，多分枝，基部稍木质化。叶互生，长圆形至倒披针形，全缘，灰绿色。

顶生总状花序，具芳香，单瓣花，花瓣4，十字状着生。也有重瓣品种。

白花菜科 Capparidaceae

醉蝶花 *Cleome spinosa* L.

【科属】　白花菜科醉蝶花属

【别名】　西洋白花菜、紫龙须、凤蝶草、蜘蛛花

【英名】　Spider Flower, Spider Legs

【原产地】　美洲热带

【栽培类型】　一年生草本植物

【株高】　60～120厘米

【花期】　6～10月份

【环境】　☀ 💧 15℃～30℃

【同属常见栽培种】　黄醉蝶花、三叶醉蝶花

种子浅褐色，近圆形，表面粗糙。千粒重1.5～1.8克，小粒种子。

子叶草绿色，椭圆形，全缘，表面粗糙，中脉明显。

真叶灰绿色，全叶被稀疏腺毛。
小叶倒卵形，叶片全缘，羽状脉。

全株被黏质腺毛，具异味。叶互生，掌状复叶，小叶5～7枚，叶柄基部有托叶刺2枚。

顶生总状花序，小花梗长，花瓣4枚，具长爪，雌雄蕊长，伸出花冠外，且雌蕊比雄蕊更长。

石竹科 Caryophyllaceae

石竹 *Dianthus chinensis* L.

【科属】 石竹科石竹属

【别名】 洛阳花、中国石竹、
洛阳石竹

【英名】 Chinese Pink,
Rainbow Pink

【原产地】 中国

【栽培类型】 多年生草本植物，
作二年生栽培

【株高】 15～30厘米

【花期】 5～7月份

【环境】 ☀ 💧 10℃～30℃

【同属常见栽培种】 须苞石竹、锦团
石竹、香石竹、
羽瓣石竹、少女
石竹、常夏石
竹、瞿麦

种子黑色，扁卵圆形。表面光滑。千粒重0.9～1.2克，小粒种子。

子叶草绿色，椭圆形，全缘，表面粗糙。

真叶黄绿色，披针形至倒卵形，全缘，表面光滑。

簇生生长，茎直立，有棱，光滑，有节。叶对生，狭长披针形，叶基抱茎。茎叶均为绿色。

花着生于枝顶，单生或数朵簇生，呈圆锥状聚伞花序。花萼圆筒形，萼筒上有条纹，花瓣5，花瓣先端锯齿状。花有香气。

菊科 Compositae

藿香蓟 *Ageratum conyzoides* L.

【科属】 菊科藿香蓟属
【别名】 胜红蓟、蓝翠球、蓝绒球
【英名】 Bill Goat Weed
【原产地】 美洲热带
【栽培类型】 多年生草本植物，
　　　　　作一年生栽培

【株高】 30~60厘米
【花期】 7~10月份
【环境】 ☀ 💧 15℃~30℃
【同属常见栽培种】 大花藿香蓟

种子黑色，长圆锥形，顶具黄色冠。千粒重约0.15克，很小粒种子。

子叶卵圆形，翠绿色。叶表密被短柔毛。

真叶卵圆形，叶缘具钝齿。叶表被白色短柔毛。

叶对生，卵形，具钝齿。全株具毛，基部多分枝。

头状花序顶生，缨络状，呈伞房花序状着生。小花全部为管状花。总苞线形，2～3列。

雏菊 *Bellis perennis* L.

【科属】 菊科雏菊属
【别名】 春菊、延命菊、马兰花
【英名】 English Daisy,
　　　　 Lawn Daisy
【原产地】 西欧
【栽培类型】 多年生草本植物，
　　　　　　作二年生栽培

【株高】 10～20厘米
【花期】 3～6月份
【环境】 ☀ 💧 5℃～20℃
【同属常见栽培种】 全缘叶雏菊、
　　　　　　　　　　林地雏菊

种子褐色，倒卵状扁平形，表面具白色稀疏柔毛，千粒重约0.2克，很小粒种子。

子叶圆形，全缘，表面粗糙。

真叶近圆形，叶缘下延成叶柄，叶表密生白柔毛。

叶基部簇生，长匙形或倒卵形，叶缘有钝齿。全株具毛。

头状花序自叶丛间抽出，单生于花葶顶端，高于叶面。

金盏菊 *Calendula officinalis* L.

【科属】	菊科金盏菊属	【栽培类型】	一、二年生草本植物
【别名】	金盏花、长生花、黄金盏	【株高】	25~60厘米
【英名】	Pot Marigold,	【花期】	3~6月份、9~11月份
	English Marigold	【环境】	☀ 🌱 5℃~20℃
【原产地】	地中海至伊朗	【同属常见栽培种】	小金盏菊

种子船形、环形、爪形。千粒重11克左右，中粒种子。

子叶黄绿色，倒卵形，叶表粗糙，全缘。

真叶黄绿色，椭圆形，叶表及叶缘密被白色短柔毛。

茎直立，多分枝，通体被绒毛。叶互生，微有毛，长圆形至长圆状倒卵形，全缘或有不明显锯齿，基部叶片抱茎。

头状花序单生枝顶，花梗粗壮。总苞片1～2轮，线状披针形，有膜质边缘及软刺。

翠菊 *Callistephus chinensis* Nees

【科属】 菊科翠菊属　　　　　【英名】 China-aster

【别名】 七月菊、蓝菊、江西腊　　【原产地】 中国、朝鲜、日本

【栽培类型】 一、二年生草本植物

【株高】 20～100厘米

【花期】 7～9月份

【环境】 ☀ 🌢 15℃～30℃

【同属常见栽培种】 本属植物
仅此1种

种子倒卵状扁平形，浅褐色至深黄色，表面有白色稀疏柔毛，千粒重1.74～2.5克，小粒种子。

子叶圆形至倒卵形，叶表粗糙，全缘。

真叶卵圆形，全缘，叶缘密生白色短毛。三出脉。

茎直立，上部多分枝，全株疏生白色短毛。叶互生，卵形至长椭圆形，叶缘有大小不均匀的粗锯齿。上部叶有时对生，几近全缘。

下部叶具柄，上部叶无柄。头状花序单生枝顶。总苞片3层，外层叶状，呈细长卵形。舌状花，花瓣细长，富丽层叠，花色丰富，管状花黄色，端部5齿裂。

矢车菊 *Centaurea cyanus* L.

【科属】 菊科矢车菊属

【别名】 芙蓉菊、荔枝菊、蓝芙蓉

【英名】 Bachelor's Button，
Cornflower

【原产地】 欧洲东南部

【栽培类型】 一年生草本植物

【株高】 30～90厘米

【花期】 5～7月份

【环境】 ☀ 🜄 10℃～25℃

【同属常见栽培种】 香矢车菊、
山矢车菊、
大矢车菊、
软毛矢车菊

种子短圆棒状，浅灰色，底端斜截，顶端具黄色冠毛。千粒重4～4.5克，小粒种子。

子叶倒卵形，灰绿色，全缘，表面粗糙。

真叶倒披针形，灰绿色，表面粗糙，叶缘有小齿。

茎直立细长多分枝，叶互生，基生叶倒卵状披针形，全缘或具2～4裂片。茎生叶线状披针形。

头状花序单生，花梗细长，中央筒状花细小，边缘舌状，花呈漏斗状放射状排列，瓣缘5～6裂。总苞片长椭圆形或椭圆状线形。

波斯菊 *Cosmos bipinnatus* Car.

【科属】　菊科秋英属

【别名】　秋英、扫帚梅、大波斯菊

【英名】　Common Cosmos,
　　　　　Mexican Aster

【原产地】　墨西哥

【栽培类型】　一年生草本植物

【株高】　120～200厘米

【花期】　8～10月份

【同属常见栽培种】 硫华菊、
异叶波斯菊

种子香蕉形，黑色，顶端喙状，有纵沟。千粒重约2.2克，小粒种子。

子叶匙形，黄绿色，全缘，叶表光滑，中脉明显。

真叶草坪绿色，二回羽状深裂，裂片线形，叶表光滑。

茎直立纤细，多分枝。叶对生，二回羽状深裂，裂片线形，全缘。

头状花序顶生，总花梗长。舌状花扁平而大，管状小花，黄色。

硫华菊 *Cosmos sulphureus* Car.

【科属】 菊科秋英属

【别名】 硫磺菊、黄波斯菊、
黄芙蓉、黄秋英

【英名】 Klondike Cosmos,
Sulphur Cosmos

【原产地】 南美洲

【栽培类型】 一年生草本植物

【株高】 60～120厘米

【花期】 5～10月份

【环境】 ☀ 🐌 15℃～35℃

【同属常见栽培种】 波斯菊、
异叶波斯菊

种子灰黑色，香蕉状，具短粗毛，顶端长喙状，有纵沟。千粒重6～8.5克，小粒种子。

子叶披针形，黄绿色，全缘，叶表光滑，中脉明显，略带紫红色。

真叶草绿色，羽状深裂，裂片较宽，叶表光滑。

茎直立，具条棱，木质化，多分枝，被疏毛。叶对生，叶片2～3回羽状深裂，裂片较宽，有长柄，近花处叶柄渐短。叶柄紫红色。

· 21 ·

头状花序单生枝端，总花梗长。舌状花橘黄色，花瓣顶端具3齿，管状花黄色，顶端5齿裂。

紫松果菊 *Echinacea purpurea* Moench

【科属】 菊科紫松果菊属

【别名】 松果菊、紫锥花、毽子花

【英名】 Eastern Purple Coneflower

【原产地】 北美洲

【栽培类型】 多年生草本植物，
作一年生栽培

【株高】 60～150厘米

【花期】 7～10月份

【环境】 ☀ 💧 15℃～35℃

【同属常见栽培种】 红瓣松果菊

种子褐色，四棱锥形，下端锯齿状。种皮表面有花纹，千粒重约 3.7 克，小粒种子。

子叶深绿色，圆形，表面粗糙。

真叶深绿色，卵圆形，表面具糙毛。三出脉明显。

全株具粗硬毛，茎直立。叶互生或对生，基生叶卵形或三角状卵形，基部下延与柄相连，茎生叶卵状披针形，叶柄基部稍抱茎。叶缘具粗锯齿，叶面粗糙。

头状花序单生，舌状花玫瑰红或紫红色，少数白色，略下垂；管状花棕紫色，有光泽，突出呈圆锥形或球形。

天人菊 *Gaillardia pulchella* Foug.

【科属】　菊科天人菊属

【别名】　虎皮菊、美丽天人菊、
　　　　　六月菊、忠心菊

【英名】　Blanket Flower,
　　　　　Indian Blanket

【原产地】　美洲热带

【栽培类型】　一年生草本植物；
　　　　　　　有多年生栽培种

【株高】　30～50厘米

【花期】　7～9月份

【同属常见栽培种】 矢车天人菊、
筒花天人菊、
宿根天人菊、
狭叶天人菊

种子灰色，圆锥形，顶端具褐黄色深裂的圆冠。千粒重约1.25克，小粒种子。

子叶椭圆形，灰绿色，表面密被白色短毛。

真叶倒披针形，灰绿色，全缘，表面密被白色柔毛。

全株有柔毛。茎直立多分枝，呈疏散状。叶披针形至匙形，互生，几无柄，全缘或有浅波状锯齿。

头状花序顶生，有长梗。舌状花扁平，单轮，瓣端3齿裂。筒状花紫色，先端芒状。

【科属】　菊科勋章菊属
【别名】　勋章花、非洲太阳花
【英名】　Gazania，Treasure
　　　　　Flower
【原产地】　南非
【栽培类型】　多年生草本植物，
　　　　　　作一年生栽培

【株高】　20～30厘米
【花期】　6～10月份
【环境】　☀ 💧 15℃～30℃
【同属常见栽培种】　同属常见观赏
　　　　　　　　　栽培种仅此1
　　　　　　　　　种

种子卵圆形，略弯，黑色，外披灰白色绒毛。千粒重约2.94克，小粒种子。

子叶倒卵形，全缘，草绿色，表面粗糙。

真叶长倒卵状披针形，全缘，中脉明显。具缘毛。

叶基生，披针形或倒卵状披针形、扁线形，全缘或羽状深裂，裂片上大下小，基部渐狭成具翼叶柄。叶背密被白色绵毛。

头状花序单生，自基部抽生，花梗长而粗状。单个舌状花瓣由基部向上色彩变化丰富，有光泽。总苞片2层或更多，基部相连成杯状。

千瓣葵 *Helianthus decapetalus* Darl.

【科属】 菊科向日葵属

【别名】 矮生葵花、向阳花、多花葵

【英名】 Sunflower

【原产地】 北美洲

【栽培类型】 一年生草本植物

【株高】 15～20厘米

【花期】 6～9月份

【环境】 ☀ 💧 15℃～35℃

【同属常见栽培种】 矮生向日葵、狭叶向日葵、瓜叶葵

种子深灰色或黑色，扁卵形，表面有纵条细肋。千粒重20～57克，大粒种子。

子叶椭圆形，草绿色，全缘，叶表粗糙。

真叶卵形，草绿色，羽状掌状脉，叶表被绢毛。

茎圆形，质硬被粗毛。叶互生，广卵形，羽状掌状脉，两面粗糙具刚毛。叶缘有粗锯齿。

头状花序，顶端或叶腋单生，全部为两性长舌状小花，萼片鳞片状。

麦秆菊　*Helichrysum bracteatum* Andr.

【科属】　菊科蜡菊属

【别名】　蜡菊、贝细工

【英名】　Strawflower

【原产地】　澳大利亚

【栽培类型】　多年生草本植物，作
　　　　　一年生栽培

【株高】　30～90厘米

【花期】　6～10月份

【环境】　☀　💧　15℃～35℃

【同属常见栽培种】　黄花蜡菊、毛
　　　　　叶蜡菊、伞花
　　　　　麦秆菊

种子短圆棒状，浅褐色，具4～5棱。光滑。千粒重约0.85克，很小粒种子。

子叶椭圆形，草绿色，叶表具糙毛。

真叶倒椭圆形，草坪绿色，中脉白色明显。全缘，叶缘及叶表具糙毛。

茎直立，全株具微毛，叶互生，长椭圆状披针形，全缘，叶柄短或无。

头状花序顶生，总苞苞片多层，外层椭圆形，中层长椭圆形，覆瓦状排列，膜质，形似花瓣，干燥具光泽。花晴天开放，雨天及夜间闭合。

【科属】　菊科黄星花属
【别名】　美兰菊、黄星花
【英名】　Melampodium,
　　　　　Butter Daisy,
　　　　　Star Daisy
【原产地】　美国

【栽培类型】　多年生草本植物,
　　　　　　作一年生栽培
【株高】　20～50厘米
【花期】　6～10月份
【环境】　☀　💧　15℃～35℃
【同属常见栽培种】　银毛星花、
　　　　　　　　　紫脉星花

种子浅灰色,形状不规则,表面
具棱,粗糙。千粒重约4.6克,　小粒
种子。

子叶圆形,黄绿色。叶表粗糙。全
缘。

真叶三角状卵形,草绿色,羽状
掌状脉,叶缘下半部具疏锯齿。叶表
具白色短而硬的毛。

茎直立,易分枝,茎两侧具白色
细小绒毛。叶对生,阔披针形或长卵
形,先端渐尖,边缘具锯齿。叶表粗糙。

花顶生，头状花序，
小而繁密，满布枝端。

蛇眼菊 *Sanvitalia procumbens* Lam.

【科属】 菊科圣族菊属

【别名】 蛇纹菊、匍匐蛇目菊

【英名】 Creeping Zinnia

【原产地】 墨西哥

【栽培类型】 匍匐性一年生草本植
物

【株高】 15～20厘米

【花期】 5～9月份

【环境】 ☀ 🌢 10℃～30℃

【同属常见栽培种】 同属观赏栽培
种仅此1种

种子三角形，极扁，灰黑色，有
膜质边翅。种子表面粗糙，有小突起。
千粒重约0.6克。很小粒种子。

子叶卵圆形，草绿色，全缘。叶
表密被白色短柔毛。子叶极小，长2毫
米。

真叶椭圆形，草绿色，全缘，叶表密被白色短柔毛。

茎平卧或匍匐生长，多分枝。单叶对生，卵状披针形，全缘，3主脉明显。

头状花序单生茎顶，舌状花鲜黄色，雌性；筒状花暗红色，两性。

银叶菊 *Senecio cineraria* DC.

【科属】	菊科千里光属	【栽培类型】	多年生草本植物，作一、二年生栽培

【别名】 雪叶菊、雪叶莲、白妙菊、银叶艾、灰叶蒿、狼毒黄蒿

【栽培类型】 多年生草本植物，作一、二年生栽培

【株高】 15～40厘米

【花期】 6～9月份

【环境】 ☀ 💧 15℃～25℃

【英名】 Dusty Miller, Silver Ragwort

【同属常见栽培种】 瓜叶菊、绿玲、千里光

【原产地】 地中海沿岸

种子褐色，圆柱形，有棱，表面
光滑。千粒重约0.35克，很小粒种子。

子叶圆形，灰绿色，叶表密被短
绒毛，表面粗糙。

真叶卵圆形，灰绿色，叶表被白
色柔毛，叶背被白色绵毛。中脉明显，
羽状脉。

茎直立，基部分枝。叶互生，长
椭圆形，羽状深裂。全株被白色绵毛，
有天鹅绒质感。

头状花序集生成伞形，花黄色或
乳白色。其银白色的叶片远看像一片
白云，与其他色彩的纯色花卉配置栽
植，效果极佳，是重要的观叶花卉。

孔雀草 *Tagetes patula* L.

【科属】 菊科万寿菊属

【别名】 红黄草、小万寿菊、藤菊

【英名】 French Marigold

【原产地】 美洲

【栽培类型】 一年生草本植物

【株高】 30~50厘米

【花期】 6~10月份

【环境】 ☀ 💧 15℃~30℃

【同属常见栽培种】 万寿菊、细叶万寿菊、香叶万寿菊

种子黑褐色，线形，两端具有浅黄色冠。千粒重约3克，小粒种子。

子叶长圆形，草坪绿色，全缘，表面粗糙，中脉明显，略带红色。

真叶羽状全裂，小叶叶缘有锯齿，靠近锯齿处有黑色腺点，叶表光滑。叶柄呈紫红色。

茎直立，多分枝，茎带紫色。叶对生或互生，羽状全裂，裂片线状披针形，叶缘锯齿状，较万寿菊稀疏，叶具油腺点，有异味。

头状花序单生，挺拔于叶丛之上。舌状花黄色，基部或边缘红褐色，或舌状花红色，基部或边缘黄色，也有纯色品种。苞片钟状。

万寿菊 *Tagetes erecta* L.

【科属】　菊科万寿菊属

【别名】　臭芙蓉、金菊花、千寿菊、蜂窝菊、大芙蓉

【英名】　Marigold

【原产地】　墨西哥

【栽培类型】　一年生草本植物

【株高】　15～90厘米

【花期】　5～10月份

【环境】　☀ ⚘ 15℃～30℃

【同属常见栽培种】　孔雀草、香叶万寿菊、细叶万寿菊

种子黑色，线形，两端有黄色冠。千粒重约3.5克，小粒种子。

子叶椭圆形，草绿色，叶表较粗糙。

真叶草坪绿色，羽状深裂，裂片菱形或披针形，裂片叶缘上半部分有尖锯齿，下半部分全缘。主脉明显。叶表有稀疏短毛。

茎直立粗状。叶对生或互生，羽状全裂，裂片披针形，叶缘有细锯齿，叶缘背面有油腺点，有特殊气味。

头状花序单生，花梗长，近花序处膨大。

百日草 *Zinnia elegans* Jacq.

【科属】　菊科百日草属

【别名】　步步高、对叶梅、百日菊、节节高

【英名】　Zinnia, Youth-and-old-age

【原产地】　墨西哥

【栽培类型】　一年生草本植物

【株高】　30～90厘米

【花期】　6～10月份

【环境】　☀ 🌢 15℃～30℃

【同属常见栽培种】　小百日草、秘鲁百日草

　　种子黑色，倒卵状楔形，极扁，顶端具短齿，种皮向上外延成线形。千粒重约7.3克，小粒种子。

　　子叶近圆形，先端微凹，黄绿色，全缘，表面密被灰白色短毛。

　　真叶椭圆形，草绿色，全缘，表面具短而密粗糙硬毛。几无叶柄，羽状掌状脉。

　　茎直立，中空。侧枝成叉状分生。叶对生，基部抱茎，卵圆形至长椭圆形，叶表具短而粗糙硬毛，全缘。

　　头状花序单生枝端。舌状雌花倒卵形，管状两性花上端5浅裂。

旋花科 Convolvulaceae

三色旋花 *Convolvulus tricolor* L.

【科属】 旋花科旋花属　　　　　　　【株高】 攀缘植物

【英名】 Dwarf Morning Glory　　　【花期】 5～10月份

【原产地】 南欧　　　　　　　　　　【环境】 ☀ 💧 15℃～30℃

【栽培类型】 一年生草本植物　　　　【同属常见栽培种】 田旋花、旋花

种子半球形，深褐色，表面粗糙。千粒重约10克，中粒种子。

子叶肾形，叶尖倒心形，全缘，羽状脉，中脉红色。表面光滑。

真叶倒卵形，全缘。羽状脉，脉红色。叶表光滑。

茎直立或攀缘上升，分枝多。叶互生，条状长圆形至卵状披针形或匙形，全缘。

花稀疏，聚伞形花序，三朵聚生或单生，花梗3叉、长于叶，花冠钟形或漏斗形，多在早晨开放。

羽叶茑萝 *Quamoclit pennata* (Lam.) Bojer

【科属】 旋花科茑萝属

【别名】 新娘花、茑萝松、游龙草、缕红草、锦屏封、五角星花、狮子草

【英名】 Cypress Vine, Star Glory, Hummingbird Vine

【原产地】 美洲热带

【栽培类型】 一年生蔓性草本植物

【株高】 蔓长达6~7米

【花期】 7~10月份

【环境】 ☀ 💧 20℃~35℃

【同属常见栽培种】 圆叶茑萝、槭叶茑萝、裂叶茑萝

种子黑褐色，肾形，表面有棱，具大小不均匀的白斑。千粒重10.8~16.67克，中粒种子。

子叶"V"字形，草坪绿色，全缘，平行脉。叶表光滑。

真叶羽状全裂，裂片狭线形，裂片均匀整齐。叶表光滑。

缠绕型茎，茎叶光滑。叶羽状全裂，互生，裂片狭线形，具短柄或无柄。

聚伞花序腋生，着花一至数朵，花梗细长，花高脚碟状，五角星形，筒部细长。晨开暮闭。

大戟科 Euphorbiaceae

银边翠 *Euphorbia marginata* Pursh.

【科属】	大戟科大戟属	【株高】	50～100厘米
【别名】	高山积雪、象牙白	【花期】	7～9月份
【英名】	Snow-on-the-mountain	【环境】	☀ 🌢 15℃～30℃
【原产地】	北美洲	【同属常见栽培种】	猩猩草、大狼毒、一品红
【栽培类型】	一年生草本植物		

种子圆球形，灰黄色，表面粗糙。顶端有一白色圆环。千粒重约18克，中粒种子。

子叶圆形，全缘，翠绿色，叶表光滑，轻微可见三出脉。

真叶椭圆形，全缘，翠绿色，羽状脉。

茎直立，上部分枝多，全株具柔毛和白色乳液。叶卵圆形至披针形，无叶柄，全缘。下部叶互生，顶端叶轮生或对生。

花小，着生于上部分枝的叶腋处，具白色瓣状附属物。顶部叶片边缘或全部小叶银白色，是主要观赏部位。汁液有毒。

唇形科 Labiatae

彩叶草 *Coleus scutellarioides* (L.) Benth.

【科属】 唇形科锦紫苏属(鞘蕊花属)

【别名】 锦紫苏、五彩苏、洋紫苏、鞘蕊花

【英名】 Coleus,Painted Nettle

【原产地】 印度尼西亚

【栽培类型】 多年生草本植物，作一、二年生栽培

【株高】 30～80厘米

【观赏期】 以赏叶为主，生长期观赏

【环境】 ☀ 💧 15℃～30℃

【同属常见栽培种】 小纹草、丛生彩叶草

种子黑色，圆球形，表面光滑，有光泽，千粒重约0.3克，很小粒种子。

子叶半圆形，全缘。表面具短而密白色毛，依品种不同呈现不同色

真叶心形或近圆形，表面被短柔毛。全缘。叶色与品种有关。

茎直立，四棱。叶对生，卵圆形，披覆细绒毛。叶端渐尖或有尖尾，叶缘有圆齿或细齿，叶有柄或无柄。叶色丰富，是北方遮荫环境中的理想栽培种。

顶生总状花序，穗形，有分枝。花小，以观叶为主。

鼠尾草 *Salvia officinalis* L.

【科属】　唇形科鼠尾草属

【别名】　药用鼠尾草、撒尔维亚

【英名】　Sage，Common Sage

【原产地】　我国西南地区

【栽培类型】　亚灌木状多年生草本植物，作一年生栽培

【株高】　25～60厘米

【花期】　6～9月份

【环境】　☀ 💧 15℃～30℃

【同属常见栽培种】　一串红、一串蓝、黄花鼠尾草、药用鼠尾草、草地鼠尾草、林下鼠尾草、丹参

种子黑色，圆球形，表面光滑。千粒重约0.83克，很小粒种子。

子叶半圆形，叶尖微缺，叶基箭头形，灰绿色，毛极其短密，外观呈白色。

真叶倒卵圆形，叶表皱，有糙毛，叶缘浅波状。

茎直立，半木质化。茎生叶对生。叶卵圆形至长椭圆形，叶缘波状，有不均匀钝齿。叶表皱，被粗糙短毛。

总状花序，小花唇形，轮生，轮间距明显。花冠筒内有一毛圈。

【科属】 唇形科鼠尾草属

【别名】 墙下红、爆竹红、草象牙红、炮仗红、撒尔维亚、红花鼠尾草

【英名】 Scarlet Sage

【原产地】 南美洲

【栽培类型】 多年生草本植物，作一年生栽培

【株高】 15～100厘米

【花期】 7～10月份

【环境】 ☀ 💧 15℃～30℃

【同属常见栽培种】 一串蓝、黄花鼠尾草、林下鼠尾草、草地鼠尾草、药用鼠尾草丹参

种子深灰黑色，卵状圆锥形，千粒重2.8～4克。小粒种子。

子叶半圆形，叶基箭头形，灰绿色，毛极其短密。

真叶草绿色，卵圆形，叶缘具钝齿。羽状网脉。

茎四棱形，光滑，基部木质化。叶片卵圆形，具长柄，对生。羽状网脉下陷，叶缘有钝齿。

总状花序顶生，花冠唇形，伸出萼外。花萼钟状。开花时，花萼长出一段时间后，花冠才出现。花谢时花冠脱落，花萼宿存。

一串蓝 *Salvia farinacea* Benth.

【科属】 唇形科鼠尾草属

【别名】 蓝花鼠尾草

【英名】 Mealy Cup Sage

【原产地】 北美洲南部

【栽培类型】 多年生草本植物，
作一年生栽培

【株高】 35～90厘米

【花期】 7～9月份

【环境】 ☀ 🌡 15℃～30℃

【同属常见栽培种】 一串红、
黄花鼠尾草、
林下鼠尾草、
药用鼠尾草、
草地鼠尾草、
丹参

种子卵球形，黑色，表面光滑，有花纹。千粒重约1.1克，小粒种子。

子叶半圆形，叶尖微缺，灰绿色，毛极其短密。

茎直立，全株被毛。叶卵圆形至线状披针形，对生。叶缘粗锯齿，羽状脉。

真叶长卵形，草绿色。叶缘具粗钝锯齿。羽状脉，叶表光滑。

穗状花序，花多而密集，青蓝色或白色，轮生。花冠唇形，伸出萼外。花梗长，花梗颜色同花色一致。

豆科 Leguminosae

香豌豆 *Lathyrus odoratus* L.

【科属】 豆科香豌豆属

【别名】 花豌豆、麝香豌豆

【英名】 Sweet Pea

【原产地】 意大利

【栽培类型】 一、二年生草本植物

【株高】 蔓性，可达3米

【花期】　5~9月份

【环境】 ☀ 〰 10℃~25℃

【同属常见栽培种】 南欧香豌豆、
大花香豌豆、
宽叶香豌豆、
圆叶香豌豆、
地中海香豌
豆、矮生香豌
豆

种子灰棕色，球形。千粒
重约83.33克，中粒种子。

子叶留土内，仅上胚轴伸长生
长，连同胚芽向上伸出地面，形成茎
叶系统。

真叶羽状复叶，小叶2
枚，小叶叶尖微缺，中脉明
显。叶轴有翅，托叶半箭头
状。

茎有翅，被短柔毛。羽状复叶互
生，小叶宽椭圆形或长圆状卵形。有
长卷须，卷须3叉。

总状花序，花腋生，通常1~3朵，小花蝶形，花瓣5，较大，有多种颜色，具香气。

锦葵科 Malvaceae

蜀葵 *Althaea rosea* Cav.

【科属】 锦葵科锦葵属
【别名】 熟季花、蜀季花、一丈红
【英名】 Hollyhock
【原产地】 中国
【栽培类型】 多年生草本植物，有一、二年生栽培

【株高】 1~3米
【花期】 7~9月份
【环境】 ☀ 💧 15℃~30℃
【同属常见栽培种】 同属常见观赏栽培种主要是此种

种子黄褐色，肾形，背部边缘竖起如鸡冠状，侧面有斜纹。千粒重4.67~9.35克，小粒种子。

子叶卵圆形，全缘，羽状脉，表面具白色柔毛。

真叶卵圆形，叶表皱，叶缘具圆齿，掌状网脉。

茎直立，不分枝。全株被柔毛。叶互生，近圆形，叶基心形，掌状5～7浅裂，裂片顶端圆钝。叶表皱，叶柄长。托叶卵形，顶端3小裂。

花单生或簇生于叶腋，花形大，小苞片基部合生，先端常6～7裂，密被星状粗硬毛。花萼钟状，5裂，裂片三角形，密被星状毛。有单瓣、重瓣和半重瓣品种，花色丰富。

罂粟科 Papaveraceae

花菱草 *Eschscholzia californica* Cham.

【科属】 罂粟科花菱草属
【别名】 金英花、人参花
【英名】 California Poppy
【原产地】 美国加利福尼亚州
【栽培类型】 多年生草本植物，作
　　　　　二年生栽培

【株高】 25～60厘米
【花期】 3～6月份
【环境】 ☀ 💧 10℃～25℃
【同属常见栽培种】 丛生花菱草、
　　　　　　　　　匍地花菱草、
　　　　　　　　　兜状花菱草

种子球形，黑色，表面粗糙，具孔穴。千粒重约 1.5 克，小粒种子。

子叶线形，先端两裂，成"Y"字形，叶表光滑，全缘。

真叶羽状深裂，裂片线形，叶表光滑。

全株被白粉，灰绿色，株形铺散。叶互生，多回三出羽状深裂至全裂，裂片线形。

单花顶生，具长梗，花瓣4枚，狭扇形，边缘细波状，亮黄色，基部色深。花晴天开放，阴天或夜晚闭合。

虞美人 *Papaver rhoeas* L.

【科属】 罂粟科罂粟属

【别名】 丽春花、赛牡丹、
小种罂粟花、
蝴蝶满园春

【英名】 Corn Poppy,
Field Poppy

【原产地】 欧洲中部及亚洲东北部

【栽培类型】 一、二年生草本植物

【株高】 30～60厘米

【花期】 4～5月份

【环境】 ☀ 💧 10℃～25℃

【同属常见栽培种】 罂粟、
孔雀罂粟、
东方罂粟、
高山罂粟、
冰岛罂粟

种子紫褐色,肾形,表面具网眼。
千粒重约0.33克,很小粒种子。

子叶黄绿色,条形,全缘,表面
粗糙。

真叶黄绿色,匙形,叶柄较长,全
缘,表面粗糙。

全株有毛，有白色乳汁。叶片不整齐羽状分裂，叶缘有锯齿。茎细长，分枝细弱。

花单生于茎顶，具长梗，花蕾下垂，花开时花朵向上，花瓣质薄，具光泽，似绢。花瓣4，近圆形，稍裂或全缘，也有重瓣和半重瓣品种。

花葱科 Polemoniaceae

福禄考 *Phlox drummondii* Hook.

【科属】 花葱科福禄考属
（天蓝绣球属）

【别名】 小天蓝绣球、草夹竹桃、洋梅花、桔梗石竹、小洋花、五色梅

【英名】 Annual Phlox, Drummond's Phlor

【原产地】 墨西哥

【栽培类型】 一、二年生草本植物

【株高】 15～40厘米

【花期】 5～10月份

【环境】 ☀ 💧 10℃～25℃

【同属常见栽培种】 星花福禄考、圆花福禄考

种子倒卵形，灰黑色，表面皱褶，粗糙。种子中间有一条深裂纹。千粒重约2.2克，小粒种子。

子叶椭圆形，全缘。表面密被灰白色短毛，中脉明显。

真叶披针形，全缘。表面密被灰白色短毛，中脉明显。

茎直立生长，多分枝。全株被绒毛。基生叶对生，茎生叶互生，长椭圆形至披针形，全缘。

圆锥状聚伞花序顶生，花冠高脚碟状，上部5浅裂，裂片平展，下部筒状细长，被软毛。

马齿苋科 Portulacaceae

半支莲 *Portulaca grandiflora* Hook.

【科属】 马齿苋科马齿苋属

【别名】 龙须牡丹、松叶牡丹、
午时花、大花马齿苋、
死不了、草杜鹃、
太阳花、洋马齿苋

【英名】 Moss Rose,
Rose Moss, Sun Plant

【原产地】 巴西

【栽培类型】 一年生草本植物

【株高】 15～20厘米

【花期】 6～10月份

【环境】 ☀ 🜄 15℃～30℃

【同属常见栽培种】 阔叶半支莲、
马齿苋

种子深灰黑色，肾状圆锥体，具疣状突起，千粒重0.1～0.14克，很小粒种子。

子叶近矩形，灰绿色，叶表粗糙，有疏毛。

真叶圆棒状，肉质，表面有极微小突起，几无叶柄。

茎细而圆，平卧或斜生，光滑。叶圆锥形，互生，到顶端轮生，肉质肥厚。叶腋处有灰白色柔毛。

花顶生，似迷你牡丹，单瓣或重瓣，先端微凹。花基部有8～9枚轮生的叶状苞片，并有白色长柔毛。花于强光时开放，弱光时闭合。

毛茛科 Ranunculaceae

翠雀 Delphinium grandiflorum L.

【科属】 毛茛科翠雀属

【别名】 大花飞燕草、千鸟草

【英名】 Chinese Delphinium

【原产地】 中国

【栽培类型】 多年生草本植物，
有一、二年生类型
【株高】 30～200厘米
【花期】 5～10月份
【环境】 ☀ 💧 15℃～30℃

【同属常见栽培种】 一年生飞燕草、
穗花翠雀、
丽江翠雀、
康定翠雀

种子灰黑色，形状不规则，表面粗糙，千粒重约1.88克，小粒种子。

子叶卵圆形，表面密被白色短柔毛，全缘。

真叶掌状深裂，裂片全缘，叶表疏被白色短柔毛。

茎直立，上部疏生分枝，茎叶疏被柔毛。叶互生，数回掌状深裂至全裂，裂片条形。基生叶具长柄，茎生叶无柄。

总状花序顶生，萼片5，花瓣状，有一枚长距后伸而上举，有些园艺品种没有矩。花瓣2轮，合生，多与萼片同色。

黑种草 *Nigella damascena* L.

【科属】　毛茛科黑种草属
【别名】　黑子草
【英名】　Love-in-a-mist
【原产地】　地中海及西亚
【栽培类型】　一年生草本植物
【株高】　30～50厘米

【花期】　5～6月份
【环境】　☼ 💧 10℃～25℃
【同属常见栽培种】　香子黑种草、西班牙黑种草、茴香叶黑种草、食用黑种草

种子黑色，圆锥状卵形，表面有不规则深沟。千粒重约2.65克，小粒种子。

子叶披针形，全缘，叶表光滑。

真叶二回羽状复叶，裂片全缘，叶表光滑。

茎直立，多分枝。叶互生，二回至三回羽状复叶，裂片纤细呈条形，顶端锐尖。

单花顶生，下部具叶状总苞，萼片5，花瓣状。花瓣5，花瓣基部狭细成爪。栽培品种花瓣增多。

玄参科 Scrophulariaceae

金鱼草 *Antirrhinum majus* L.

【科属】 玄参科金鱼草属

【别名】 龙口花、龙头花、洋彩雀

【英名】 Snapdragon

【原产地】 地中海沿岸及北非

【栽培类型】 多年生草本植物，作一、二年生栽培

【株高】 15～120厘米

【花期】 3～6月份

【环境】 ☀ 🌢 10℃～20℃

【同属常见栽培种】 匍生金鱼草

种子深灰色，广卵形，顶端平截。表面具网眼。千粒重约0.12克，很小粒种子。

子叶心形，草绿色，叶表密被白色短柔毛。

真叶卵形，草绿色，中脉明显，叶表被白色短柔毛。

茎直立，基部稍木质化。基部叶对生，上部叶互生，长椭圆形或卵状披针形，先端渐尖，全缘，光滑。

总状花序顶生，花冠筒状，唇形，上唇2浅裂，下唇伸展，三浅裂。下部联合成筒状，基部略膨大。

【科属】 玄参科蝴蝶草属
（夏堇属）

【别名】 蓝翅蝴蝶花、蓝猪耳、
蝴蝶草、花瓜草、
花公草

【英名】 Wishbone Flower,
BlueWings

【原产地】 越南

【栽培类型】 一年生草本植物

【株高】 20～30厘米

【花期】 5～10月份

【环境】 ☀ 💧 20℃～35℃

【同属常见栽培种】 同属常见观赏
栽培种仅此1种

种子白色，圆形，表面光滑，极
细小，微粒种子。生产中常见被包衣
的种子，外光呈黄色。

子叶半圆形，草绿色，全缘。表
面粗糙。

真叶卵圆形或卵状心形，
叶缘锯齿状。叶片底部至叶柄
有稀疏柔毛。叶表被短绒毛。羽
状网脉明显。

茎具四棱，多分枝，光滑。叶对生，卵状披针形，叶缘具粗锯齿。

腋生或顶生短总状花序，小花对生。萼筒椭圆、稍膨大。花上唇张开如翅，2裂不明显，下唇3裂、圆形。

茄科 Solanaceae

观赏椒 *Capsicum frutescens* L. var. *cerasiforme* Bailey

【科属】　茄科辣椒属

【别名】　朝天椒、五色椒

【英名】　Cherry Pepper

【原产地】　南美洲

【栽培类型】　多年生草本植物，作一年生栽培

【株高】　30～60厘米

【花期】　7～10月份

【环境】　☀ 💧 15℃～30℃

【同属常见栽培种】　变种极多，如佛手椒、灯笼椒等

种子淡黄色，扁平肾形，千粒重3.4～4.4克，小粒种子。

子叶披针形，全缘，中脉明显，叶表光滑。

真叶卵圆形或卵状披针形，全缘，羽状脉，叶表光滑。

茎直立，半木质化，多分枝，黄绿色，具深绿色纵纹。单叶互生，叶卵状披针形或卵圆形，全缘，叶面光滑。

花单生于叶腋或簇生于枝顶，花冠白色或绿白色。浆果，果皮肉质，果实先绿，或黄白色带紫晕，成熟时变成红色或紫色，也有黑色品种。

矮牵牛 *Petunia hybrida* Vilm.

【科属】 茄科碧冬茄属

【别名】 碧冬茄、洋牡丹、灵芝牡丹、杂种撞羽朝颜

【英名】 Common Garden Petunia

【原产地】 南美温暖地区

【栽培类型】 多年生草本植物，作一、二年生栽培

【株高】 20～45厘米

【花期】 温度适宜可四季开花

【环境】 ☀ 💧 15℃～25℃

【同属常见栽培种】 腋花矮牵牛、撞羽朝颜

种子褐色，近球形，表面具网眼，千粒重约0.16克，很小粒种子。

子叶卵圆形，灰绿色，全缘，表面密被灰白色短毛。

真叶圆形，亮绿色，全缘，表面密被灰白色短毛。

茎稍直立或倾卧或下垂。全株具腺毛。叶卵形，灰绿色，全缘，几无柄，羽状网脉。上部叶对生，下部多互生。

花单生叶腋或枝端，萼片5深裂，花冠漏斗形，重瓣者半球形。先端具波状浅裂。

【科属】 旱金莲科旱金莲属

【别名】 金莲花、荷叶花、
旱荷花、大红雀

【英名】 Nasturtium

【原产地】 南美洲

【栽培类型】 多年生草本植物，
作一、二年生栽培

【株高】 匍匐地面，高20厘米

【花期】 6～10月份

【环境】 ☀ 💧 15℃～30℃

【同属常见栽培种】 小旱金莲、
盾叶旱金莲、
五裂叶旱金莲、
多叶旱金莲

种子米色，肾形，中部一侧向内凹，表面多纵行沟纹。千粒重0.9～1.2克，小粒种子。

子叶倒卵形，草绿色，中脉明显，表面光滑，全缘。

真叶盾状圆形，全缘波状。掌状叶脉。

茎肉质中空，淡灰绿色，光滑无毛。单叶互生，叶盾状，形似莲叶而小。叶柄长，有波状钝角。蔓性生长。

花单生于叶腋，花梗细长。花瓣5，花萼5，基部联合成漏斗状。有一个花萼有向下伸长的距。

马鞭草科 Verbenaceae

美女樱 *Verbena hybrida* Voss.

【科属】　马鞭草科马鞭草属

【别名】　美人樱、四季绣球、
　　　　　草五色梅、铺地马鞭草

【英名】　Common Garden Verbena

【原产地】　热带美洲

【栽培类型】　多年生草本植物，
　　　　　　作一、二年生栽培

【株高】　10～50厘米

【花期】　6～9月份

【环境】　☀ 💧 10℃～30℃

【同属常见栽培种】　细叶美女樱、
　　　　　　　　　加拿大美女樱、
　　　　　　　　　马鞭草

种子浅灰褐色，短棒状，种子背面有凹槽，灰白色，底端有小孔。千粒重约2.2克，小粒种子。

子叶长卵圆形，灰绿色，表面密被灰白色短毛。

真叶长卵圆形，草绿色，叶缘具缺刻状粗齿。羽状脉明显。

茎四棱，枝条横展，匍匐状，分枝多。全株具灰色柔毛。叶对生有柄，长卵圆形或披针状三角形，叶缘具缺刻状粗齿。

穗状花序顶生，多数小花密集排列成伞房状，花冠筒状，先端5裂。

堇菜科 Violaceae

三色堇 *Viola tricolor* var. *hortensis* DC.

【科属】 堇菜科堇菜属	【栽培类型】 多年生草本植物，作二年生栽培
【别名】 蝴蝶花、猫儿脸、鬼脸花、人面花	【株高】 10~30厘米
【英名】 Pansy, Heartsease	【花期】 4~6月份
【原产地】 欧洲	【环境】 ☀ 🚿 8℃~20℃

种子光滑，红褐色，倒卵形，顶具黄色冠，易脱落。千粒重1.2～1.5克，小粒种子。

子叶近圆形，叶基心形，全缘，表面密被灰白色短毛。

真叶圆形，全缘，表面密被白色短柔毛。

茎匍匐地面生长，株丛低矮，易分枝。叶互生，基生叶圆心脏形，有长柄，茎生叶卵状长圆形或披针形，边缘具圆钝锯齿。托叶宿存，基部有羽状深裂。

花腋生，花朵有金丝绒般光泽，花色丰富，有纯色、复色。花瓣5，左右对称，形似猫脸。

附录一 叶形的基本类型

《植物学》一书中叶形的基本类型见附表1。

附表1 叶形的基本类型

叶的长宽比例	长宽相等 （或长比宽大得不多）	长比宽大 （长是宽的1.5~2倍）	长比宽大 （长是宽的3~4倍）	长比宽大 （长是宽的5倍以上）
叶的全形	阔卵形（苎麻） 圆形（莲） 倒阔卵形（玉兰）	卵形（女贞） 阔椭圆形（橙） 倒卵形（紫云英）	披针形（桃） 长椭圆形（杧果） 倒披针形（小蘗）	条形（水稻） 剑形（菠萝）

《图解植物学词典》一书中叶形的基本类型图解如下。

倒披针形　　披针形　　长圆形　　匙形　　条形

倒卵形　　卵形　　椭圆形　　倒椭圆形　　心形

肾形　　盾形　　茎穿叶　　菱形　　圆形

附录二　花卉种子分类标准

按种子千粒重分类如下。

大粒种子：千粒重100~1000克；

中粒种子：千粒重10~99.9克；

小粒种子：千粒重1~9.9克；

很小粒种子：千粒重0.1~0.99克；

微粒种子：千粒重小于0.1克。

附录三　图例说明

 全日照　　　 半日照　　　 遮荫

 水分多　　　 水分中　　　 水分少

小贴士：

　　1.草花子叶和真叶的色泽随着植物的生长而不断发生深浅的变化,也与拍摄时天气状况和拍摄角度有关;

　　2.近几年国外草花育种工作发展得非常迅速,花色不断翻新,一些尚未见到的花色,也许用不了多久就会出现;

　　3.植物的花期和当年的气候和所在的纬度有很大关系,本书中提到的花期是在我国华北地区室外的自然花期。

　　4.得益于育种工作的快速发展,许多多年生植物已培育出一、二年生品种,许多一、二年生种也已培育出多年生品种。

参考文献

[1] 刘燕．园林花卉学．北京：中国林业出版社，2003．

[2] 北京林业大学园林系花卉教研组．花卉学．北京：中国林业出版社，1993．

[3] 郑秋薇．种花 DIY 手册．广东：广东旅游出版社，2000．

[4] 赵庚义，车力华，孟淑娥．草本花卉育苗新技术．北京：中国农业大学出版社，1998．

[5] 中国农业百科全书总编辑委员会，畜牧业卷编辑委员会，中国农业百科全书编辑部．中国农业百科全书(观赏园艺卷)．北京：农业出版社，1996．

[6] 《山西植物志》编辑委员会．山西植物志第一卷．北京：中国科学技术出版社，1992．

[7] 《山西植物志》编辑委员会．山西植物志第二卷．北京：中国科学技术出版社，1998．

[8] 《山西植物志》编辑委员会．山西植物志第三卷．北京：中国科学技术出版社，2000．

[9] 《山西植物志》编辑委员会．山西植物志第四卷．北京：中国科学技术出版社，2004．

[10] 《山西植物志》编辑委员会．山西植物志第五卷．北京：中国科学技术出版社，2004．

[11] 刘宏涛．草本花卉栽培技术．北京：金盾出版社，1999．

[12] 赵庚义．花卉育苗技术手册．北京：中国农业出版社，2000．

[13] 薛佳桢，李伟忠．俏丽可爱的南非万寿菊．特种经济动植物，2006，37-38．

[14] 龙雅宜．多彩的红串及其有趣的亲缘种．中国花卉盆景，2006，2-5

[15] 沈阳农业大学．植物学．沈阳：辽宁科学技术出版社，1992．

[16] 詹姆斯·吉·哈里斯．米琳达·沃尔芙·哈里斯．图解植物学词典．北京：科学技术出版社，2001．

[17] 龙雅宜．园林植物栽培手册．北京：中国林业出版社，2004

中文名称索引